博 物 之 旅

草木庄园

植物的私生活

芦 军 编著

安徽美术出版社

全国百佳图书出版单位

图书在版编目（CIP）数据

草木庄园：植物的私生活 / 芦军编著. —合肥：
安徽美术出版社，2016.3（2019.3重印）
（博物之旅）
ISBN 978-7-5398-6680-2

Ⅰ.①草… Ⅱ.①芦… Ⅲ.①植物—少儿读物 Ⅳ.①Q94-49

中国版本图书馆CIP数据核字（2016）第047093号

出 版 人：唐元明　　　责任编辑：程　兵　　史春霖
助理编辑：吴　丹　　　责任校对：方　芳　　刘　欢
责任印制：缪振光　　　版式设计：北京鑫骏图文设计有限公司

博物之旅

草木庄园：植物的私生活
Caomu　Zhuangyuan　Zhiwu　de　Sishenghuo

出版发行 ： 安徽美术出版社（http://www.ahmscbs.com/）
地　　址： 合肥市政务文化新区翡翠路1118号出版传媒广场14层
邮　　编： 230071
经　　销： 全国新华书店
营 销 部： 0551-63533604（省内）0551-63533607（省外）
印　　刷： 北京一鑫印务有限责任公司
开　　本： 880mm×1230mm　1/16
印　　张： 6
版　　次： 2016年3月第1版　2019年3月第2次印刷
书　　号： ISBN 978-7-5398-6680-2
定　　价： 21.00元

目录

博物之旅

世界上第一粒种子是怎样诞生的？

　　世界上第一粒种子不是上帝赐给人类的，而是由非生命物质氮、氢、氧、碳四大元素演化而成的。

　　距今六十亿年前，地球上的元素随着环境的变化，不断地进行着化合、分解等各种化学变化。到了三十多亿年前，地球上出现了细胞。又经历了大约二十亿年，细胞形成了完整的细胞核。在六亿多年前，地球上只有水中长着藻类植物。又经过了两亿多年的时间，地球上出现一次巨大的变化，陆地上升，海水下降，许多水生植物被迫进入沼

泽地带。水生植物为了生存，逐渐摆脱水的束缚，慢慢适应了陆地生存，于是成为最早登陆的水生植物。

　　裸蕨是最原始的陆生植物，随着不断的进化，它们形成了特殊的器官。过了一段时间，有些植物变成用孢子繁殖，孢子植物开始是不分雌雄的。后来，有些植物出现了大小不同、雌雄有别的两种孢子，雌孢子和雄孢子结合，就发育成种子。世界上的第一粒种子就这样诞生了。

离开植物人还能生存吗？

　　植物对于人类是不可或缺的，离开了植物，人类也就无法生存下去了。植物既是地理环境的产物，又是地理环境的创造者。当今地球大气的成分，就是植物生命活动参与的结果。植物在地球上随处可见，它们利用自己的叶子进行光合作用，为我们人类提供每天呼吸所必需的氧气。地球上的氧气约占大

气的 21%，如果没有补充，这些氧气只能够使用 50 年左右。正因为有植物的存在，地球上的氧气和二氧化碳的含量才大致保持稳定，人类才得以生存。所以说，植物是氧气的"制造者"，又是二氧化碳的"消费者"。

　　不仅如此，人类的衣、食、住、行样样都离不开植物，不管是粮食、蔬菜、水果，还是衣服、书本、门窗，甚至房屋、药物都是由植物直接或间接提供的。另外，像煤、石油等燃料，也是几百万年以前的植物遗体的分解物。

植物生长的五种必需品是什么？

植物生长所必需的五大要素是阳光、温度、水分、空气和养料。

阳光是植物生长的第一要素，有了阳光，植物才能进行光合作用。温度对植物生长发育有着很大作用，植物在不同的生长阶段，需要不同的温度。水分是植物的重要构成部分。空气中的氧、氮、二氧化碳对植物生长的影响极大。植物需要的养料有很多，碳、氢、氧、氮、磷、钾、钙、

硫、镁、铁等十多种元素都是植物生长的必需品。

虽然每一种植物都离不开这五大必需品，但它们的需求量因植物的不同而不同。以养料中的氮肥为例，大多数植物的成长都离不开氮肥，比如玉米，如果氮肥量达不到要求，就会影响玉米的发育。而豆类植物则不同，豆类植物的根上长有密密麻麻的"小瘤子"，它们是寄居在大豆根上的根瘤菌，根瘤菌会把氮肥送给大豆，所以豆类植物不需要施氮肥。

植物会改变性别吗？

　　有些植物是雌雄异株，它们无法改变性别，但有些雌雄同株的植物却可以改变性别，菠菜就是其中的一种。在高温的影响下，雌株菠菜会变成雄株菠菜。更让人惊奇的是，番木瓜受了外伤也会改变性别。而且有的植物如果刚开的花或结的果子被人摘了，它也会变性。这是为什么呢？

　　原来，植物体内和人一样含有激素，正常情况下，激素可以稳定植物的性别。但如果环境发生变化，出现干旱、日照变化或植物受到损伤等情况，激素的分泌就会紊乱，这样就直接导致了植物的性别发生变化。

　　科学家经过长期观察发现，植物变性有一定的规律：在温度、水分等诸多环境状况比较优越的情况下，植物会出现雌性化现象；在环境变得比较恶劣时，植物就会出现雄性化现象。

人能不能跟植物谈话？

　　20世纪70年代，一位澳大利亚科学家在研究植物的抗旱能力时，不经意间发现，遭受严重干旱的植物会发出"咔嗒、咔嗒"的声音，这件事在科学界产生了极大的轰动。

　　后来，两位来自加拿大和美国的科学家做了一个实验。他们在玉米的茎部安装了窃听装置，并与电子计算机连在一起。实验发现，当植物不能从土壤中得到所需要的水分时，它便从茎部的组织中吸水，同时产生一种超声波噪声，恰似呼救声。

　　发现了植物的种种语言之后，人就可以与植物进行谈话了。前些年，前苏联摩尔维达维亚科学院为了让人类能同植物对话，制成了一台信息测量综合装置。通过这台仪器的同步翻译，当时在场的生物学家、植物病理学家、细胞学家、遗传学家、生物物理学家、气象学家、化学家、物理学家和软件学家，都与植物进行了对话。看来，人们与植物谈话已不是天方夜谭了。

种子煮熟后为什么不会发芽？

把花生的红外衣剥开，就会看到在种子内有着一棵小小的植株——胚，它由子叶、胚芽和胚根组成。把它种到土里，种子萌芽之后，胚根便往下生长从而成为花生的根，向上生长的胚芽从土里钻出后生成两片小绿叶。

种子在遇到充足的水分、适宜的温度和足够的空气时，会先吸收水分，使种皮变软，让整个种子膨胀。然后再将储藏的养分，经过酵素的作用，提供给胚吸收。最后，胚根和胚芽穿破种皮，种子就发芽了。

但煮熟以后的种子不会发芽，这是怎么回事呢？

因为种子要发芽，必须让胚进行呼吸活动。如果种子煮熟了，负责吸收水分和养分的胚就会死掉，种子里的养料也会被破坏，也就失去了生命力。所以，煮熟后的种子不会发芽。

植物的根会自己寻找食物吗？

植物的根千姿百态，可以简单地分为直根、须根和贮藏根三种。植物的根有两种作用：一是固定植株，二是吸收水分和溶解水中的养料。为了生存，植物的根会向有营养的地方生长。有人做过这样的实验：在冻胶的中央放进一块肥料，周围种上几粒发芽的种子。三四天后，所有的根都会伸向中央的肥料，并把肥料围绕起来。这个实验说明植物的根会自己寻找营养。

大多数植物的根都会伸向有"食物"的地方。其中，极少数的植物在根找不到食物的情况下，能进化成会"走路"的植物。南美洲的炎热沙漠中有一种仙人掌，当它在原生地找不

到水时，它的根就会收缩到地面，在风的吹拂下寻找有水分的土壤，一旦找到适宜的环境，它就会在那里生根发芽。还有一种苏醒树的生存方式也是如此。

为什么说植物的根像嘴？

　　根是某些植物在长期适应陆上生活的过程中成长起来的一种向下生长的器官。它具有吸收、输送、贮藏、固着的功能，少数植物的根也有繁殖的作用。植物的根有两大类，一类有一根特别粗大的主根，而另一类的根长短粗细都差不多，就像一丝丝胡须，叫作须根。

　　我们见到的绝大多数植物，都是生长在土壤中的，这是因为土壤中含有植物生长所必需的水分和养分。人是用嘴喝水的，而植物是用根来"喝水"的，所以说，植物的根很像人的嘴巴。

　　植物将粗细不同、大小不等的根，伸进泥土中，将水分和矿物质吸收进来，然后通过导管输送到全身各个部位。

　　有一些植物生长在比较干旱的地方，因为在地下很深处才有水，它们的根就长得特别长，能伸到很深的土层去"喝水"。

植物之间也有相生相克吗？

和动物之间一样，植物之间既有"相生"的朋友，又有"相克"的敌人。

玉米和大豆就是一对好朋友，大豆的根瘤菌相当于一个氮肥厂，可以把空气中的氮固定在土壤中，随时给玉米提供氮肥，使它茁壮成长。杨树是苹果树和梨树的好朋友，杨树不但可以促进果树的生长，还能增强果树的耐寒能力。除此之外，

百合花和玫瑰、紫罗兰和葡萄也是好朋友。

　　但是，植物之间也有不能和平相处的。如果把玫瑰花和木樨草插在一个花瓶里，木樨草很快就会枯死，而枯死后的木樨草枝叶又会在水中分泌毒液，将玫瑰花置于死地。在蓖麻丛中种上小小的芥菜，就会使蓖麻下面的叶子枯死。西红柿和黄瓜都是夏天常见的蔬菜，但如果把它们种在一起，两种都会减产。此外，小麦会抑制大麻、芝麻和荠菜的生长。

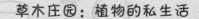

哪两种动植物合作得最好？

　　植物经常会被动物侵扰，但也有不少动物可以帮助植物生长。比如说啄木鸟就是树木的医生，但动植物中配合最好的要数益蚁和蚁栖树。

　　蚁栖树生长在巴西的森林里，树木高大，茎上有像竹子一样的节，叶子像手掌。它的树干中空，外面有许多小孔，益

蚁就生活在里面，并在这里生儿育女，这也是此树得名的原因。

在这个森林里还有一种啮叶蚁，专吃树叶，奇怪的是，它们从不找蚁栖树叶的麻烦。原来，它们害怕益蚁。平时，益蚁就在树里生活，当遇到啮叶蚁来吃树叶，益蚁就会群起而攻之。蚁栖树有了益蚁当警卫，就可以安心地成长了。蚁栖树不但给益蚁提供住宿，还提供了富含营养的食物。在蚁栖树柄的基部有一丛毛，里面会不断生出许多富含蛋白质和脂肪的小卵，为益蚁提供了充足的食物。

就这样，蚁栖树为益蚁提供食宿，益蚁保护蚁栖树，双方组成了密不可分的"蚁树联盟"。这种现象在生物学上叫作"共生"。

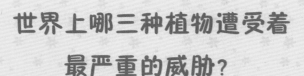

世界上哪三种植物遭受着最严重的威胁？

世界上有三种濒临危境的植物，它们是大叶棕榈、奇亚帕斯拖鞋兰和绿猪笼草。

大叶棕榈是一种高达 15 米，叶子阔大的棕榈科植物。人们只在非洲马达加斯加东北部一个狭小的沼泽地带见过它的身影，总共不过 50 棵。因为它的叶尖可以吃，所以常被人们摘下来吃掉；而它的果实备受狐猴喜爱，还没有长熟就差不多被狐猴吃光了，所以它的繁殖受到严重影响。

奇亚帕斯拖鞋兰是一种非常珍贵、漂亮的兰科植物。它生长在树干上，受到人们过度采集的威胁，这种植物只生长在墨西哥的奇亚帕斯州，已经为数不多。

绿猪笼草，是猪笼草科食虫植物，叶子像瓶子，里面有黏液，昆虫在吸蜜时极易滑进瓶内，就再也爬不出来了。黏液

中的消化酶可以分解昆虫尸体，帮助猪笼草吸收营养。目前由于过分采集和城市扩建道路、开矿等，导致绿猪笼草的生活环境被破坏，已陷入濒临灭绝的状态。

"勿忘我"的名字是怎么来的？

勿忘草原产于欧洲，分布于我国东北、河北、甘肃、新疆、云南等地。其貌不扬，但名闻欧亚，俗称"勿忘我"或"毋忘我"。

相传，很久以前有一对热恋中的情侣依海而坐，沉醉在海誓山盟的甜言蜜语之中。忽然，一个巨浪袭来，正击中男青年，他慌忙将手中的一棵野草掷向女友，狂叫一声："不要忘记我！"就被波涛淹没了。从此，这种无名小草就取名"勿忘我"，作为忠贞于爱情的信物。

勿忘我属紫草科，

是多年生直立草本植物，高 16~30 厘米，初夏开花，排列成细长稀疏的总状花序，花冠黄色，结小型坚果，卵果形。勿忘我是优良的春季花坛材料，与黄色、白色的春花配置，效果尤佳。勿忘我经常作为春季球根花坛陪衬材料，栽植在庭园花径、花园、公园树坛边缘。

为什么很多好看的花是有毒的？

　　许多植物的花，漂亮鲜艳，令人喜爱，然而却是有毒的。例如夹竹桃的花，红艳欲滴，但夹竹桃的叶、皮、根都有毒，花朵也有毒，只是毒性弱一点而已。人只要吃一点新鲜夹竹桃的皮，就会出现中毒症状：开始出现恶心、呕吐、腹痛，进而心悸、脉搏不齐，严重者瞳孔放大、便血，甚至抽搐而死亡。这是因

为夹竹桃含有多种强心苷，对人的心脏有强烈的毒性作用。

长春花，也属于夹竹桃科，经常栽种在庭院花圃里或阳台上，开紫红色花，它的根和叶含有吲哚型生物碱，如长春碱等。长春碱能抑制人的造血功能，尤其对骨骼的抑制程度很高，会引起白细胞减少。可是，如果采用以毒攻毒的方法，长春碱对治疗白血病、乳腺癌等却有一定的疗效。

人如果吃了牵牛花的种子和植株，会出现腹泻、腹痛、便血等症状，还可能有血尿，甚至会损害脑神经、舌下神经，使人不能说话和陷入昏迷状态。

为什么西红柿会越变越红？

西红柿又称番茄，原产于南美洲的厄瓜多尔、秘鲁、玻利维亚等地，18世纪以后才在我国引种繁殖，逐渐开始食用。

番茄肉汁鲜美，味道略酸，既可以作为水果生吃，又可以当蔬菜凉拌、烹炒、作汤或者包饺子。番茄含有较多苹果酸、柠檬酸等有机酸，有机酸除了保护维生素C不被破坏外，还可软化血管，促进钙、铁元素的吸收，帮助胃液消化脂肪和蛋白质，这是其他蔬菜所不及的。它还具有清热解毒、凉血平肝、降低血压、生津止渴、健胃消食等功效。另外，番茄具有抗氧化、抑制突变、降低核酸损伤、减轻心血管疾病及预防癌症等多种功能。

成熟的番茄表皮呈鲜

红色，而且越熟越红。那么，你知道这是什么原因吗？原来在番茄生长发育的过程中，表皮里含有叶绿素，使它表现为碧绿色，随着成长，叶绿素逐渐减少，而它内部的番茄红素不断增加，所以番茄也就越来越红了。

为什么要常吃大蒜？

大蒜原产于亚洲西部，我国栽培的大蒜，是张骞经丝绸之路引进的，距今已有2000多年的历史了。它含有大量对人体有益的蛋白质、氨基酸、维生素、脂肪、微量元素及硫化物等，被誉为"天然广谱杀菌素"。我们在烧鱼的时候放两瓣大蒜能除腥味，在酱油中放上一点大蒜可以防霉，青翠的蒜薹更是人们爱吃的蔬菜。

大蒜除了做蔬菜以外，还能消灭各种病菌。大蒜为什么会有防腐、杀菌的本领呢？原来在大蒜中含有一

种植物抑菌剂——大蒜素，它的杀菌能力几乎是青霉素的100倍，极少的一点大蒜素就能杀灭葡萄球菌、链球菌、伤寒、痢疾杆菌等细菌。

可是有人会嫌弃大蒜的"蒜臭"味，其实，这种"臭"是从含有大蒜素的挥发油里散发出来的，只要嚼几片茶叶或者吃几颗大枣，这种"臭"味就可以很快解掉。

为什么人参主要产自我国东北？

"东北有三宝，人参、貂皮、乌拉草"。人参是驰名中外的药用植物，它主要生长在我国东北的长白山脉、小兴安岭东南部和辽宁省东北部。为什么人参主要产自我国东北呢？

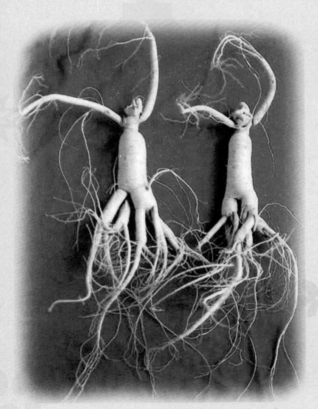

人参是五加科的多年生草本植物，它特别喜欢生长在茂密的森林里，但不是在所有茂密的森林中都能生长。早在一千多年前，民间流传着"三桠五叶，背阳向阴，欲来求我，椴

树相寻"的说法。这说明，最适合人参生长的森林是针阔叶混交林和杂木林，其中以有椴树生长的阔叶林为最好。当然，除了有椴树的森林外，有柞树和椴树的阔叶林中也有人参生长。

　　人参对土壤也有一定的要求，它喜欢生长在棕色森林土上，而且需要比较丰富的腐殖质。在阔叶林里，由于常年枯枝落叶的堆积和腐烂，产生了许多腐殖质，土壤结构较疏松，因此能满足人参的需要。

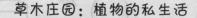

独叶草只有一片叶子吗？

　　在繁花似锦、枝繁叶茂的植物世界中，独叶草是最孤独的，论花，它只有一朵，论叶，仅有一片，真是"独花独叶一根草"。

　　独叶草是毛茛科的一种多年生草本植物，是我国云南、四川、陕西和甘肃等省特有的小草。这种草长在高山上的原始森林中，生长环境寒冷、潮湿、十分隐蔽。独叶草的地上部分高约10厘米，通常只生一片具有5个裂片的近圆形的叶子，

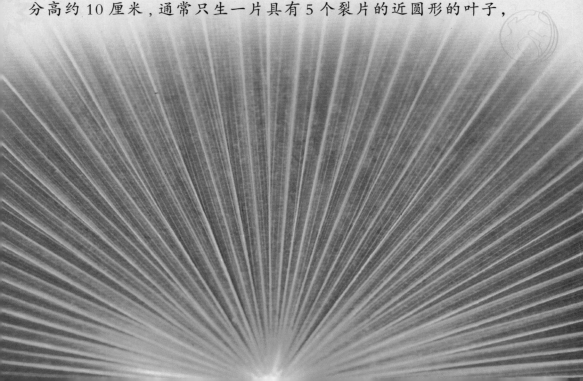

开一朵淡绿色的花；而小草的地下部分是细长分枝的根状茎，茎上长着许多鳞片和不定根，叶和花的长柄就着生在根状茎的节上。独叶草不仅花叶孤单，而且结构独特而原始，它的叶脉是典型开放的二分叉脉序，是一种原始的脉序，这在毛茛科1500多种植物中是独一无二的。独叶草的花也非常原始，它的花由被片，退化雄蕊、雌蕊和心皮构成，但花被片也是开放二叉分的，雌蕊的心皮在发育早期是开放的。这些构造都表明独叶草有着许多原始特征。

绿叶有什么妙用？

　　绿叶是植物进行蒸腾作用和光合作用的重要器官，同时是制造植物生长所必需的养料的主要场所。在进行光合作用的过程中，植株扁平的叶片能加大表面吸收光能的面积，这种叶形能使叶片最大量地吸收光能。

　　绿叶可以进行光合作用，吸收二氧化碳，产生出氧气。

有些植物的叶片还可以吸收二氧化硫、一氧化碳、氯气等有毒气体，起到净化空气的作用。科学家证明，1吨树叶能吸收10~30千克的二氧化硫和氯气。一片叶就是一个小小的加工厂，不断为植物提供能量，为人类提供生存所必需的氧气。因此可以说没有叶片的光合作用，就没有地球上的生命。此外，绿叶同时还担负着进行蒸腾作用的重任。

　　绿叶的主要用途有以下几种：第一，它是肥料和饲料资源；第二，它是重要的工业原料；第三，它的药用价值也是不可忽视的；第四，树叶可制作乐器。

什么叫光合作用？

光合作用是绿色植物特有的一种生化作用。绿色植物通过光合作用，即利用太阳光能，以水和二氧化碳为原料，合成碳水化合物，并加工转化成淀粉、糖、脂肪、蛋白质、纤维素、维生素等，同时分解出大量的氧气，这些物质是人和动植物赖以生存的基础。植物的绿叶是进行光合作用的关键，因为植物的绿叶中含有叶绿素，叶绿素是植物进行光合作用的前提。

在无光的

条件下，植物的器官不能变成绿色。因为光照是形成叶绿素的重要条件，必须经过光照才能合成叶绿素，而如果没有叶绿素，植物也就不能呈现出绿色。

人类的衣食住行都离不开植物的光合作用，即使像一些生产原料、燃料，如煤、石油、天然气等，也都是几百万年前水生和陆生动植物的分解物。而这些水生和陆生动植物在当时之所以能生存，无不归功于当时植物的光合作用。如果没有植物的光合作用，人类就不会有生活的物质来源，人类也就无法生存。

为什么洋葱不易干枯？

许多蔬菜离开土壤以后，很容易干枯，因为它们的根不能再吸收养分和水分了。而洋葱却例外，它丝毫没有干枯的迹象，这是为什么呢？

洋葱的故乡是又干又热的沙漠，为了能够在沙漠的环境中生存下去，洋葱非常珍惜自己获得的一点点水分和营养物质，用一层一层的"衣服"——鳞片紧紧地将它们包裹起来，使水分不能轻易地从它的身体里逃走。洋葱保存水分和营养物质的本领是惊人的，那薄而紧密的多层鳞片，足以使它在1年以内不至于干枯！

医学研究表明，洋葱营养价值极高，其肥大的鳞茎中含

糖 8.5%，干物质 9.2%，每 100 克含维生素 A 5 毫克、维生素 C 9.3 毫克、钙 40 毫克、磷 50 毫克、铁 8 毫克以及 18 种氨基酸，是不可多得的保健食品。

草木庄园：植物的私生活

西红柿为什么被称为
蔬菜中的水果？

西红柿又称番茄，原产于南美洲秘鲁的丛林中，它的枝叶有一股难闻的气味，当地人误认为它有毒，以为它结出的鲜红色果子只有狼才敢吃，就将它叫作"狼果"。那时，熟透的西红柿成片成片地烂在丛林里，无人采摘；一直到16世纪，英国的一位公爵从南美洲带回一株野西红柿，把它当作观赏植

物送给了英女王伊丽莎白。西红柿由此传入欧洲，不久就传到了世界各地，南美洲人也开始大规模种植。

西红柿既可以当水果吃，又可以当蔬菜吃，所以，人们就称它为蔬菜中的水果。西红柿含有丰富的维生素C，比西瓜的维生素含量还要高10倍，多吃西红柿，可以预防坏血病、感冒，还可以提高人体的抗病能力。

另外，西红柿中含有大量的番茄红素。它具有独特的抗氧化能力，可以清除人体内导致衰老和疾病的自由基，预防心血管疾病的发生，阻止前列腺的癌变进程，并有效地降低胰腺癌、直肠癌、喉癌、口腔癌、乳腺癌等癌症的发病风险。

花朵能治病吗？

　　鲜花不仅可以美化环境，陶冶人的情操，而且它们中不少种类还具有药用、保健价值。在塔吉克斯坦共和国，有一个神奇的医院，那里的病人根本不吃药或打针，只坐在椅子上，一边静静地听着音乐，一边闻着花儿的芳香，就得到了很好的治疗。

　　用花来治病，在我国已经有很长的历史了。菊花在我国的种植历史悠久，品种繁多，我国历代医药家都把菊花视为药中上品。它具有疏风清热、明目解毒等功效，可用于治疗高血压、感冒、头痛等病症。用菊花、金银花、山楂片、桑叶以开水冲泡，代茶

饮用，对动脉硬化有防治作用。菊花、黑芝麻、茯苓等研制成蜜丸，长期服用对白发变黑很有功效，以菊花为主药泡制的菊花酒还是滋补健身品。

冬天的青菜为什么会有甜味？

秋天，霜降以后，我们在吃青菜时都会发现，青菜有一股淡淡的甜味。这是为什么呢？原来，这是青菜对严冬的一种适应，就如同到了冬天，人们要穿上棉衣御寒一样。

青菜里含有淀粉，淀粉没有甜味，并且不大容易溶解于水。到了冬天，青菜中的淀粉在体内淀粉酶的作用下水解变成麦芽糖，麦芽糖经过麦芽糖酶的作用就变成了葡萄糖，而葡萄糖是甜的，并且很容易溶解在水里。

霜降后的青菜会变甜，就是因为淀粉变成了葡萄糖。那么，为什么说青菜变甜是对严冬的一种适应呢？

那是因为，在冬

天，青菜体内的淀粉变成葡萄糖，并溶解在水中后，青菜的细胞就不容易冻结、损坏，具有了一定的御寒能力，在寒风里不大会冻坏，就比较容易安度严冬了。

"飞花玉米"是怎么长出来的？

等玉米成熟后，剥去它的外衣，可以看见通体金黄的玉米棒子。可是，人们有时会发现，同一个玉米棒上有几种不同颜色的子粒，白的、红的、黄的，非常有趣，人们将这样的玉米叫作"飞花玉米"。

为什么会出现"飞花玉米"呢？

其实，那是异花传粉的结果。玉米的适应性很强，不怕旱不怕涝，能在山坡上种植，所以它从故乡美洲传遍了世界各地。由于各地的气候、土壤、水分等外界条件不同，栽培的方法也不一样，时间一长，就形成了好多玉米品种。这些玉米不仅品质不同，子粒的颜色也不同，

各个品种各种颜色的玉米之间都是可以杂交的。

　　玉米是异花传粉的植物，主要靠风来传粉。风把玉米秆顶的雄花花粉吹撒开来，落在附近雌花的柱头上，给雌花授粉。在自然情况下，各种玉米的花粉随风在空中飘荡，这等于在给不同的玉米相互间进行杂交，于是便结出各种颜色的子粒来。例如，在黄玉米的附近种着白玉米，在交接地带就容易产生"飞花玉米"。

木棉树怎么又叫英雄树？

木棉树生长在我国的南方，它是热带、亚热带落叶乔木，枝干伟岸挺拔，可高达 30 米，胸径可达 1 米，一般生长在林边路旁或者溪边低谷地带。

木棉树先开花后长叶子，每年的三四月份，树上开满了嫣红色的花朵，犹如无数个点燃的红灯笼，很好看。

由于木棉树长得伟岸挺拔，又力争上游，有一种英雄气概，

故而被人们誉为"英雄树";而因它那灿烂夺目、娇艳欲滴的红色花朵,又有"红棉""烽火树"之称;当地人因为采摘木棉时必须攀上高大的树干,也称它为"攀枝花"。

木棉树主干通直挺拔,枝条平展,树冠伞形,树形优美。春天先花后叶,大花朵就像一团烧得正旺的火,远远望去整个树冠就像用红花铺成,极为壮观。它翠绿的掌状复叶也很美观。木棉树是一种造型特殊的园景树,适合公园、庭院及行道树种植,也可嫁接矮化作盆栽。

植物有胎生的吗？

许多动物是胎生的，这是哺乳动物独特的生殖方式。那么，植物有胎生的吗？植物也有胎生的，红树就是其中之一。

红树是一种常绿灌木或者小乔木，它主要在热带、亚热带沿海成片分布，被称为红树林。红树林主要生长在热带地区的隐蔽海岸，常出现在有海水渗透的河口、潟湖或有泥沙覆盖

的珊瑚礁上。在红树林中，所有的草本及藤本植物被称为红树林伴生植物。那么，它是怎么"胎生"的呢？

红树在每年的春秋两季开花，结很多果实，它的种子在没有离开果实时就萌发形成20~40厘米的角果，这些幼苗生长在母树上，像胎儿一样吸取母树的营养。等到退潮时，角果脱离母树落下地，扎进海泥里，几个小时之内就生出根来，长成一棵棵的小红树。

由于红树的幼苗不是播种后萌芽长成，而是吸取母树果实中的营养长大的，人们便把它们叫作"胎生"植物。

植物会"吃"虫子吗？

在自然界中，有一些"凶猛"的植物能把靠近它的虫子"吃掉"。例如，茅膏菜就是菜白蝶的"猎手"，每棵茅膏菜每天能捕获4~7只菜白蝶，面积约0.01平方千米地上的茅膏菜一年能捕获约600万只菜白蝶。

食虫植物捕捉到猎物以后，能分泌出活性物质酶，并借助酶的作用，把猎物进行分解，进而吸收其营养物质，促进食虫植物自身的生长。

紫花捕虫堇是欧洲湿土地带上生长的一种食虫植物。每年的五六月份，它的叶片上就会分会泌出许多黏液，这种黏液

能将昆虫粘住，再分泌出分解酶将昆虫消化掉。

捕蝇草的每一小枝上都有两片边缘长满小刺的半圆形叶子，只要有蚊子、苍蝇等小虫落到两片叶子中间，两片叶子就马上合拢起来，将小虫子吃掉。

据统计，自然界中能吃虫子的植物大约有300种，比较常见的还有猪笼草、瓶子草、毛毡苔等。

植物是怎么净化空气的？

植物是自然界的空气净化器，它一方面吸收空气中的二氧化碳，通过光合作用，放出氧气，有效地降低空气中二氧化碳的含量，使空气变得清新。另一方面，植物，特别是森林或林带植物，用其密密的树冠构成一面"筛子"，对空气中的灰尘起到阻挡、滞留和吸附的作用，从而净化空气。

　　人们在维持生命的过程中，需要吸进氧气，呼出二氧化碳，如果空气中的二氧化碳浓度过高，人就会呼吸困难或者中毒。植物是世界上唯一能利用太阳进行光合作用的生物，又是地球上二氧化碳的吸收器和氧气的制造者。

　　还有一些植物，可以吸收二氧化硫、一氧化碳等有毒气体。另外，一些植物还可以吸收一些对人体有害的辐射，比如在电脑前放仙人掌，可以吸收显示器放出的部分辐射。

无土栽培是怎么回事？

　　植物需要水分和矿物质，根还需要得到某种支撑。但是，植物不一定非需要土壤不可。现在农业采用的无土栽培技术，也可以让植物长大。

　　无土栽培是一种不利用土壤，而利用化学营养液来栽种植物的技术。这种技术打破了传统的万物生长离不开土壤的栽培观念。无土栽培的形式很多，有营养液培养法、沙培养法、培养基培养法、培养膜培养法等。无土栽培所需装置，主要包括栽培容器、贮液容器、营养液输排管道和循环系统。

　　无土栽培植物有很多好处，它只需要阳光和少量的营养液，不需要肥料和农药，也就不会污染环境了，同时还可以避免由土壤引起的病虫害，产量和质量也很好。近年来，我国广泛采用无土栽培法培育瓜菜和育苗，其产品深受人们的欢迎。

太空中是怎样种植物的？

　　科学家在太空飞船上进行了很多科学实验，其中一项就是在太空条件下种植植物，观察它们的生长情况。前苏联的科学家在宇宙飞船里种下了小麦，一开始情况良好，小麦的出芽和生长速度都比在地球上要快得多。但是由于地心引力消除，小麦不仅没有抽穗开花，还毫无方向地散乱生长，最后枯萎死亡。后来，科学家们想出了许多方法，对在太空中的植物生长加以控制，以解决植物生长时失重的困扰，电激发就是其中之一。

　　我国"神舟"1号、2号、3号、4号飞船曾分别把中药

药材种子带到太空中，有了太空经历的种子回到地球后，长势良好。在河北安国试种的板蓝根太空种子植株健壮，根系庞大，叶片肥厚，主根明显比普通的根粗一倍，同时具有明显的抗病优势。

长得最快的植物是什么？

从横向生长来看，生长速度最快的是泡桐，生长7年的泡桐，树干胸径可达50厘米。从纵向生长看，要数新几内亚桉树的生长速度最快，它每年能长高8米。但日平均增长高度最快的，要数毛竹了，毛竹的竹笋经40～50天就能长成，高

度达 12 米，但是毛竹一旦长成，就不再长高了。

就竹笋的成长时间来说，雨后的竹笋长得特别快，因为它的茎和别的植物不一样。一般的植物只有茎的顶端能生长，而竹笋分成很多节，在同一时间里每节都能生长。如果一根竹笋有 50 个节的话，它的生长速度就是其他植物的 50 倍。

竹子在高度上增长很快，但不能长粗。因为树木的茎里面有一层叫形成层的细胞，这些细胞不停地向四周分裂出新的细胞，使树木变粗。竹子里没有这层形成层，所以只能长高，无法长粗。

世界上有吃人树吗？

世界上能吃动物的树有五百多种，它们大多只吃小昆虫，不能吃人。但在印度尼西亚爪哇岛上的一片原始森林里，却生长着一种吃人的树——奠柏树。

这种树有许多柔韧的枝条，长长地拖在地上，如果人不小心触动一根枝条，千百条枝条就会同时席卷过来，把人紧紧缠住，越挣扎树枝缠得越紧，直到人窒息而死。同时，奠柏树还会从树枝里分泌出一种很黏的胶汁，慢慢地

把人消化掉。然后枝条停止分泌，重新舒展开来，等待下一个猎物的到来。

　　奠柏树分泌出来的胶汁在充当消化剂的同时，对人类来说也是非常名贵的药材，所以当地人会想尽办法从树上采集树胶。为了防止奠柏树下毒手，人们在采集胶汁之前，会先拿鱼或其他荤腥食物将其喂饱。奠柏树吃饱以后就像懒汉一样，即使有人再去碰它的枝条，它也不会动弹。这时，人们就可以抓紧时间采集它的胶汁了。

有驱赶老鼠的植物吗？

"鼠见愁"又名药用倒提壶，是十分有名的驱鼠植物。药用倒提壶属于紫草科，是两年生药用植物，主要分布在欧洲和亚洲北部。它的植株晒干后，能发出一种气味，使鼠类无法忍受，鼠类一旦闻到它的气味马上就抱头逃窜，更不用说靠近它了。甚至有的老鼠遇到"鼠见愁"时，情愿跳水自尽，也不愿久闻其味。

可以驱逐老鼠的植物被称为"植物猫"。经科学家长期研究发现，植物界除了"鼠见愁"可以驱逐老鼠外，香菜、黄毛蕊花、

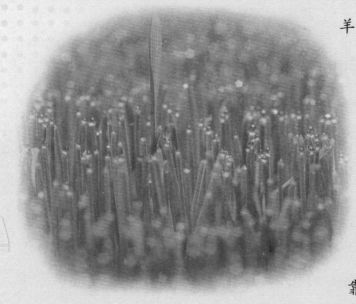

羊踯躅这三种植物也会释放出特殊的气味，使老鼠不愿接近。人们通常根据这一特性，把它们放在粮仓内，使老鼠不敢靠近。

植物也有"喜怒哀乐"吗？

印度植物学家鲍斯，曾做过这样的实验：他拿着一把耙子在一棵植物前晃动，结果，植物的触须也会跟着摆动，似乎在用触须阻止耙子伤害它。通过实验，鲍斯作了设想，认为植物也有心脏。鲍斯制造了一种心动曲线仪，结果发现，树木类植物不但有心脏，而且还有脉搏，心脏的活动周期约为1分钟。

　　既然植物有心脏，那么就一定会有感情。1966年，美国一位叫巴克斯特的科学家，把测谎器的电极接在龙血树的一片叶子上，先给龙血树浇了一些水，这时仪器上出现了平稳的锯齿样曲线，好像心情很舒坦。接着，他将龙血树的一片叶子浸入一杯热咖啡里，仪器马上出现了轻度的害怕反应，但害怕得不那么厉害。最后，他决定用火烧这片叶子。当他拿着火柴靠近龙血树时，仪器的指针产生了强烈的摆动，显然这是一种恐惧的表现。当巴克斯特收回火柴，龙血树又恢复到正常状态。现在你明白了吧，树和人类一样，同样是有感情的，我们一定要爱护它们哟！

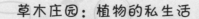

感觉最灵敏的植物是什么？

感觉最灵敏的植物要数含羞草。

含羞草别称"知羞草""怕痒花""惧内草"，喜欢生长在阳光充足的草地上。它是一种豆科植物，叶互生，具二回羽状复叶。在含羞草的小羽片、羽轴和叶柄的基部，都有一个

肥大部分，叫叶枕。含羞草的叶子具有相当长的叶柄，柄的前端分出四根羽轴，每一根羽轴上生有两排长椭圆形的小羽片。它大约在盛夏以后开粉红色的花。如果轻轻碰一下含羞草，它的叶子会很快闭合。如果触动它的力量大一些，它会连枝带叶都下垂。经过研究表明，含羞草在受到刺激后 0.08 秒钟内，叶子就会合拢，而且受到的刺激还能传导到别处，传导的速度最快每秒达 10 厘米。

含羞草内有含羞草碱，接触过多会引起眉毛稀疏、毛发变黄，严重者还会引起毛发脱落。但它的药用价值也很高，有安神镇静、止血收敛和散淤止痛的功效。

植物怎么会知道春天来了？

　　每年春暖时节，植物总会充当春的使者，向人们预示春的来临。那么，植物是如何知道春天来临的呢？

　　原来，植物可以感觉到气温的变化。植物的种子里都有胚芽，许多植物的胚芽经过一定时期的冷藏储存后，便能对气

温升高或日照变长等作出反应。有人通过实验发现，苹果种子里的胚芽需要在接近 0℃ 的环境里，持续 1400 小时后才能开始生长。也就是说，只有经过冬天的寒冷，植物才能停止休眠，开始生长。

　　而那些已经长出了叶子的植物，则是根据昼夜的变化来判断时令的。当它们感到适宜的昼夜周期后，就会分泌出一种能促使花芽形成的物质，这种物质随着光合作用产生的营养，一起提供给花，让花快速生长。这样，春天来了，美丽的花儿就开始尽情地开放了。

为什么世界上每个月都有植树节？

　　植物的作用是巨大的，可以说植物是人类生存在地球上的决定性因素，所以植树造林也是人类造福自己的一件大事。世界上基本每个月都有植树节，让我们一起看看吧！

　　1月：约旦、马拉雅；　　2月：西班牙；

　　3月：中国、法国、瑞典；

4 月：美国、日本、德国、朝鲜；

5 月：加拿大、澳大利亚；　6 月：缅甸；

7 月：印度、尼泊尔；8 月：新西兰、巴基斯坦；

9 月：泰国、菲律宾；10 月：哥伦比亚、古巴；

11 月：英国、新加坡、意大利；

12 月：印尼、黎巴嫩。

我国的植树节定在 3 月 12 日，是因为在惊蛰之后，树木极易成活，而这一天也是孙中山先生逝世的日子。

植物是怎么预测地震的？

  我国地震学家通过长期的调查发现，在地震来临之前，许多植物也会有异常现象。比如蒲公英在初冬季节提前开花，竹子会突然开花和大面积死亡，山芋藤也会突然开花等，这些都预示着地震即将来临。

  那么，植物是怎么感应到地震的呢？科学家发现，生物体的细胞就像电池，当接触生物体非对称的两个电极时，两电极之间会产生电位差，形成电流。正是由于地震前电流的变化刺激了植物的根

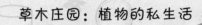

系，从而促使植物表现反常。

　　科学家曾对合欢树进行生物电测量，并认真分析记录了电位的变化。结果发现，合欢树能感觉到地震的发生，并在两天前作出反应。

树干为什么是圆的？

　　不管在高山上还是公园里，凡是你见到过的树干应该都是圆的吧？为什么没有方形的树干呢？

　　树干长成圆形是树木千万年适应自然环境的结果，这样有很多好处。第一，相同周长的图形里，圆的面积最大，圆形

的树干中导管和筛管的分布广，这样就可以给树木输送更多的营养和水分。第二，可以保护自己免受伤害。如果树上有棱有角，动物就能很方便地啃光树皮。第三，圆形的支撑力比方形的支撑力大，可以支撑起高大而沉重的树冠。第四，圆形树干能够更好地抗击狂风。当狂风吹过树干时，风会沿着树干的圆弧形表面滑过，而不会伤及树木本身。

有些几十层的摩天高楼盖成圆形的，就是从树干中得到的启示。

但也有例外，在中美洲巴拿马运河以北几千米的地方，生长着一种树干呈方形的树，不但树干是方形，它的年轮也呈方形。

树的年轮是怎样形成的？

树干被砍断后，断面上看到的圆圈就是年轮，一个圆代表一岁。圆圈越多，树木的年龄就越大。

这些圆圈是怎样形成的呢？原来，在树皮和木质之间有一层细胞，这层细胞整齐地围成一个圈，又不断分裂出新的细胞，能够形成新的木质和韧皮组织，这层细胞称为形成层。

春夏雨季，阳光明媚、雨水丰足，树木便会迅速生长。这时形成层迅速分裂出许许多多新的细胞，这些细胞个儿大，形成的木质显得疏松，颜色较浅。进入秋天，天气由暖变冷，雨水相应减少，这时，形成层分裂细胞的速度减慢，分裂出来的细胞个儿较小，形成的木质颜色很深，质地细密。由于木质的疏密不同和颜色的深浅不同，就形成了一个清晰的圆圈。年复一年，圆圈不断增多，小树也渐渐长得高大粗壮了。

因为这些圆圈都是一年四季极有规律地生长的，所以我们称之为年轮。

转基因植物是什么？

　　基因是具有特定性状的遗传信息，存在于细胞核的染色体上。转基因植物就是把目的基因片段移植到某种植物的细胞中去，经过培养而得到的植物，这种转基因植物既有原先植物的遗传性状，又有新的目的基因所控制的性状。

　　转基因技术与传统技术的本质之间有两点重要区别。第一，传统技术一般只能在生物种内个体间实现基因转移，而转基因技术所转移的基因则不受生物体间亲缘关系的限制。第二，传统的杂交和选择技术所转移的是大量的基因，不可能准确地对某个基因进行操作和选择，对后代的表现预见性较差，而转基因则不存在这种问题。

　　为了使不抗倒伏的小麦能够抗倒伏，科学家设想把抗倒伏的基因转移到小麦体内，来获得具有抗倒伏性能的新小麦品种。通过转基因的方法，科学家们对各种农作物的品种进行改良，取得了可喜的成果。

试管植物是什么？

科学家经过长时间的研究发现，通过控制培养基和培养条件，在试管里培养胡萝卜的愈伤组织可以长成植株。目前，从试管里培育出的小植株有烟草、水稻、小麦、茄子、菠萝等。大约250种植物的器官或组织，甚至体细胞可以离开母体，在试管内的无菌培养基上生存、繁殖，最后形成植株。

　　为什么试管植物能够成功呢？原来，在试管的培养基中有植物生长激素和营养物质。生长激素的主要作用是促进细胞分裂，生长激素的浓度越高，作用就越大。植物器官、组织在生长激素的作用下，细胞不断分裂，结果就形成一种不规则的细胞团块，科学家称它为"愈伤组织"。用这些愈伤组织在含有生长激素和营养物质的培养基里进行培养，就能培养出完整的植株。

绿色食品好在哪里？

在我们的周围已经有许多绿色食品上市了，那么，这些绿色食品有什么好处呢？人们平时食用的食品都是由农田里种植而得的，如果作物在生长过程中，生长环境受到污染，这些食品就会含有有害物质，人们长期食用的话，就会影响身体健康。所以，科学家提倡大力研究无污染、安全、优质、营养丰

富的食品，这就是绿色食品。

绿色食品的栽种必须具备以下几个条件：

1. 产品或产品原料产地必须符合绿色食品生态环境质量标准。

2. 农作物种植、畜禽饲养、水产养殖及食品加工必须符合绿色食品的生产操作规程。

3. 产品必须符合绿色食品质量和卫生标准。

4. 产品外包装必须符合国家食品标签通用标准，符合绿色食品特定的包装、装潢和标签规定。

黑色食品为什么受到青睐？

　　"黑色食品"是指黑米、黑芝麻、黑木耳、黑豆、黑鱼、黑莓、乌鸡等呈黑颜色的食品。这些黑色食品中含有大量的黑色素，与白色食品相比，具有更高的营养价值。

　　现代医学认为：黑色食品不但营养丰富，且多有补肾、抗衰老、预防疾病、乌发美容等独特功效。经大量研究表明，黑色食品的保健功效除与其所含的三大营养素、维生素、微量元素有关外，其所含黑色素类物质也发挥了特殊的积极作用。比如，黑木耳在古代被称为"树鸡"，它含有丰富的蛋白

质，而且还含有一种防止血液凝固的物质，对防治心脑血管疾病有很大的帮助。

我国的江苏、浙江、安徽、贵州等地，民间都有在农历四月初八吃乌饭的习俗，湖南侗族人把这天称为"乌饭节"，这种乌饭也是黑色食品的一种。

黑色食品的兴起，反映了人们对营养、保健的追求。尽管黑色食品营养丰富，有益于身体健康，但也需要含其他色素的食物来调配。